食尚生活·农产品消费丛书

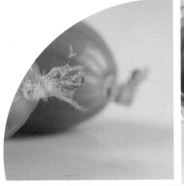

好吃好玩 说

黄瓜

膳书坊 主编

U0341945

中国农业出版社

农村读物出版社

图书在版编目（CIP）数据

好吃好玩说黄瓜 / 膳书坊主编. — 北京：农村读
物出版社，2013.6
（食尚生活. 农产品消费丛书）
ISBN 978-7-5048-5698-2

Ⅰ．①好 … Ⅱ．①膳 … Ⅲ．①黄瓜－菜谱 Ⅳ.
①TS972.123

中国版本图书馆CIP数据核字（2013）第141766号

总　策　划	刘博浩
策划编辑	张丽四
责任编辑	张丽四　吴丽婷
设计制作	北京朗威图书设计
出　　版	农村读物出版社（北京市朝阳区麦子店街18号　100125）
发　　行	新华书店北京发行所
印　　刷	北京三益印刷有限公司
开　　本	880mm×1230mm　1/24
印　　张	4
字　　数	120千
版　　次	2013年10月第1版　2013年10月北京第1次印刷
定　　价	20.00元

（凡本版图书出现印刷、装订错误，请向出版社发行部调换）

contents 目录

Part 1 黄瓜是谁

Part 2 好吃的黄瓜

Part **3** 好玩的黄瓜

Part1

黄瓜是谁

黄瓜，顶花带刺，身披翠绿色的外衣，呈圆筒长条状，这是我们对它的第一印象。实际上，这只是黄瓜比较常见的一个品种，也只是它的盛年时期。

黄瓜一生要经历三个阶段，刚长出来的时候是浅绿色，毛茸茸的白刺非常明显，这个时候只见刺不见瓢；等到步入黄瓜的盛年期，颜色变作翠绿，顶上的花逐渐萎缩，毛刺逐渐收缩，刺端的白点变黑；待到黄瓜的外皮变作深黄色，顶端的花萎落，毛刺一点点平复，整根黄瓜变得平滑光亮，这就是成熟的黄瓜了，通常被称为老黄瓜。盛年期翠绿的黄瓜甘甜爽口、清心解暑，是人们夏日里不可或缺的一种蔬菜。

黄瓜先生亮个相

　　黄瓜是最常见的蔬菜了，个子瘦瘦高高，披着翠绿的外衣，头顶上戴着一朵小黄花，满身是尖尖的小毛刺。还有个别品种的黄瓜，个子矮胖，外皮呈现淡绿色，毛刺相对稀疏，不过样子虽然变了，味道还是一样清香爽口。黄瓜实在是太常见了，很多人对此不以为然，不过，少了它，餐桌上可就少了很多美味了。

　　我们常吃的黄瓜都是盛年期的黄瓜，这个时候的黄瓜脆嫩多汁、清香爽口，咬一口沁心凉，不但营养丰富，还有清热利水、消肿解毒、生津止渴等诸多功效。早在宋代，苏轼就曾留下这样的诗句："簌簌衣巾落枣花，村南村北响缫车。牛衣古柳卖黄瓜。"足见黄瓜作为人们喜爱的蔬菜的悠久历史了。

小提示

　　黄瓜是水分含量最高的蔬果之一。在"酒困路长惟欲睡"的炎炎夏日，来一根鲜嫩欲滴的小黄瓜，咬上一口，嘎嘣脆，甘甜爽口的汁水顺着喉咙一直流下去，顿时觉得四肢五骸都得了琼浆玉液的灌溉。除了作为食物之外，黄瓜也是当仁不让的美容佳品。

黄瓜初相识

黄瓜为葫芦科植物，是既可以入菜又可以当水果的植物。黄瓜还有其他的别名，如青瓜、胡瓜、刺瓜。

黄瓜口感脆嫩清香，味道鲜美，而且营养丰富。也是女性朋友喜爱的低热量的减肥、美容食品之一。

黄瓜广泛分布于中国各地，并且为主要的温室产品之一，成为一年四季都可以品尝到的新鲜植物，深受老百姓的喜爱。

黄瓜营养大解密

　　黄瓜是含水量最多的蔬菜之一，其含水量最高可达98%。黄瓜营养丰富，不仅含有蛋白质、脂肪、糖类，还含有钙、磷、钠、镁、锌、钾等多种矿质元素。

　　黄瓜含有多种果胶和维生素，譬如维生素C、维生素E，能够起到延缓衰老、预防癌症的作用。

　　黄瓜中含有许多细纤维素，能够促进肠道蠕动和废物排泄，还能调节体内的胆固醇和甘油三酯。

　　黄瓜中含有葫芦素C，能够提高人体免疫力。

　　刚摘下来的新鲜黄瓜中还含有丙醇二酸，能够抑制糖类物质转化为脂肪，这也能说明为什么黄瓜是极好的减肥食品了。

小小黄瓜作用大

　　除了作为餐桌上一道美味营养的菜肴，黄瓜还是一种极好的药物。从中医学的角度来说，黄瓜性寒凉，味甘，入肺、胃和大肠经，能够生津止渴、清热利水、消肿解毒。黄瓜藤、根、叶、籽均可入药。藤、叶、根可治疗黄水疮、痢疾、腹泻等疾病，其利水解毒的神奇功效不可小觑。

　　另外，如果咽干舌燥、实火上旺，可以生食一些新鲜黄瓜，可以缓解症状，起到生津止渴、清热去火的作用。如果不小心被烫伤，疼得厉害，但是没到上医院救治的地步，可以拿新鲜的黄瓜捣成泥，在患处薄薄地涂上一层，能够减轻患处火烧火燎的感觉，还能缓解疼痛，促进伤口愈合。

黄瓜最喜欢居住的 "屋子"

黄瓜最喜欢的 "床"

黄瓜最喜欢的 "床" 是富含有机质的肥沃土壤。一般要求酸碱值在6.0～7.5，排水灌溉系统良好、保水保湿，土壤偏黏性。黄瓜和其他瓜类作物不适合连种。有专家研究指出，最好的黄瓜种植地是刚收割过的水稻田。

黄瓜喜温怕冻

黄瓜是一种比较娇贵的植物，喜欢温暖舒适的环境，土地温度在20～25℃最为适合，最低不得低于15℃。

黄瓜喜水又怕涝

黄瓜从藤蔓、根茎到果实都含有大量的水分，这水分从何而来？自然是黄瓜植株从土壤中吸收的了。所以种植黄瓜需要多灌溉，适宜的土壤湿度为60％～90％。不过，千万要注意，黄瓜虽然喜湿，但是又怕涝，水分过多，黄瓜藤会腐烂死掉，所以种植黄瓜必须深挖沟，保证土壤湿度，也要保证让多余的水分流走。黄瓜幼苗生长期水分不宜过多，土壤湿度在60％～70%就可以了。等到果实成长期，要加大浇水力度，使土壤湿度保证在80％～90%。

黄瓜喜肥又不耐肥

说起来，同为常见蔬菜，黄瓜的确比南瓜、辣椒之类的娇贵多了，喜温怕冻，喜水还怕涝，不仅如此，它还喜肥却又不耐肥呢。黄瓜生长过程中必须保证肥料供给，这是稳产、高产的关键。但是，黄瓜的根部吸收力比较弱，如果肥料浓度太高，反而有可能灼伤根茎，使黄瓜植株 "肥死"。所以种黄瓜就得注意勤施肥，薄施肥，遵循少量、多次的原则。

黄瓜先生有历史

　　说起来，这黄瓜先生的身世可非同一般呢。民间流传着这样一个有关黄瓜的典故：据说中原本来是没有黄瓜的，这是西汉的张骞出使西域带回来的稀罕东西。因为是从西域，也就是胡人的地方带回来的东西，所以被称为胡瓜。至于胡瓜为什么又变成了黄瓜，那就要说到后赵时候的事情了。

法令出台禁说 "胡"

后赵的开国皇帝叫石勒，原本是入塞的羯族人，在当时的襄国也就是今天河北邢台一带登基做了皇帝，听到胡人这个称呼十分气愤。本来嘛，胡人就是中原人对边地人的蔑称，既然边地人都当了皇帝，自然这个"胡"字便成忌讳了。于是，石勒颁发了一条严格的法令：从今以后，一律不得再提"胡"字，不论说话还是写文章，只要提到这个字，立斩无赦。

巧将黄瓜替胡瓜

有一天，石勒在自己的单于庭召见各地的官员，众人皆整肃衣冠，唯有襄国郡守樊坦一人仪容不整、破衣烂衫。石勒大为恼怒，严厉质问樊坦道："为何你衣冠不整就来上朝，对我不敬至此？"

樊坦心中本自慌乱，听到这种责问，吓得心惊胆战，于是回答道："并非下官存心冒犯，只怪那胡人太不讲道理，下官衣物均被他们劫掠一空，不得已如此来上朝。"话一落音，樊坦便意识到自己犯了禁律，吓得倒伏在地，不住磕头请罪。

石勒见他本是无心之过，又知罪过，也就没再追究这事。等到觐见完毕，宫中安排了午宴，就是所谓的"御赐午膳"，石勒随便指向一盘菜问樊坦："卿知此物为何名？"众人定睛一看，原来是一盘胡瓜，都吓坏了。樊坦知道石勒还记挂着先前那事儿呢，吓得冷汗涔涔，搜肠刮肚地说："此为玉盘黄瓜，真乃紫案佳肴，银杯绿茶，金樽甘露，人间美味也。"听到这话，石勒终于满意地笑了。樊坦就此躲过了一劫。

打从这之后，黄瓜这个名就取代了"胡瓜"，在朝野之中迅速流传开来。

黄瓜称谓始于"隋"

实际上，根据历史学家的考证，一直到隋朝，"胡"这个说法都还盛行，直到隋炀帝杨广的时代才被废止。世人所熟知的隋炀帝杨广，身上就流着一半胡人的血，因为他的母亲独孤氏本是鲜卑族人。不过，隋炀帝本人对自己的胡人血统十分忌讳，他极力推崇华夏，蔑视胡夷。根据唐代吴兢的《贞观政要》第6卷《慎所好》记述："隋炀帝性好猜防，专信邪道，大忌胡人，乃至谓胡床为交床，胡瓜为黄瓜，筑长城以避胡。"唐代杜宝的《大业杂记》中也有记载："大业四年九月，（炀帝）自幕北还至东都，改胡床为交床，胡瓜为白露黄瓜，改茄子为昆仑紫瓜。"由此可见，有关"胡瓜"被更名为"黄瓜"确切的时间应该是在隋朝。

历史真假难辨

既然胡瓜至隋朝才被改为黄瓜，那么石勒与樊坦这一段典故到底是怎么回事呢？又怎么跟胡瓜扯上关系了呢？历史的真相已不可考，有关专家学者在《晋书》中只找到这个故事的前半段，也就是樊坦衣衫褴褛

入朝见石勒的事情，至于后半段与"胡瓜"相关的事情，并无一字记载。所以，有关胡瓜更名为黄瓜，有可能是后人以讹传讹了。

此"黄瓜"非彼"胡瓜"

当听到石勒考樊坦这个典故时，你难道不会觉得有点疑惑，为什么樊坦会说"玉盘黄瓜"而不是"玉盘青瓜"呢？是的，樊坦说得没错，他盛赞的那一盘胡瓜应该是一盘熟透了的胡瓜。黄瓜成熟后皮变成黄色，所以他的说法一点儿没错。古人们吃的都是成熟的黄瓜，不够爽脆，微微有些发酸。后世的人们在食用过程中逐渐发现，未成熟的翠绿黄瓜生吃时口感更好，更加爽脆鲜甜，不会发酸。所以现代人吃的都是翠绿的嫩黄瓜，古人吃的是黄皮的老黄瓜，两者不能混为一体。

黄瓜驾到

黄瓜先生"脾气"大

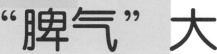

黄瓜在世界范围内被广泛种植，因为品种多样、产地不同，所以它的"脾气秉性"也有很大不同。世界上的黄瓜大体上可以分为以下5种不同的类型。

欧美型露地黄瓜

这种黄瓜分布于欧洲及北美洲各地。植株茎叶繁茂，果实呈圆筒状，体型中等，表皮有白刺，口味比较清淡，成熟后果实表皮变为浅黄或者黄褐色。有东欧、北欧、北美等几个不同的品种群。

北欧型温室黄瓜

这种黄瓜分布于英国及荷兰地区。植株茎叶繁茂，能够在低温和光照不足的情况下生长繁殖，果皮浅绿色，果实长圆形，表面光滑，一般能够长到50厘米以上。

华北型黄瓜

这种黄瓜分布在中国黄河流域以及朝鲜、日本等地。植株中等高度，茎叶一般，喜湿喜温，喜欢阳光照耀，但是日照时间长短差别不大。未成熟的果实是鲜绿色，表面有白刺；成熟的果实变为黄白色，表皮无网纹。

华南型黄瓜

　　这种黄瓜分布在中国长江以南以及日本各地。植株茎叶繁茂，耐湿也耐热，生长周期较短。果实体型较小，表面多黑刺。未成熟的果实有翠绿、绿中泛白、浅黄泛白等颜色，味道甘甜清淡；成熟的果实表皮呈黄褐色，表皮有网纹。

小型黄瓜

　　这种黄瓜分布在亚洲及欧美各地。植株较矮小，分枝性强，开花繁茂，产量较高。

华北型黄瓜

　　分布于中国黄河流域以北及朝鲜、日本等地区。植株长势均为中等，喜湿润的土壤、晴朗天气等自然条件，但对日照的长短反应较不敏感。嫩果果形呈棍棒状，色泽鲜绿，果面多白刺；熟果为黄白色，果面无网纹。

华南型黄瓜

　　分布在中国长江以南及日本各地区。植株茎叶较繁茂，且耐湿、耐热，属短日性植物，果实体形较小，果面多黑刺。嫩果呈绿、绿白、黄白等色，味道甜淡；熟果呈黄褐色，果面有网纹。

小型黄瓜

　　分布于亚洲及欧美各地区。植株较矮小，分枝性强，属多花多果类型。

黄瓜先生带回家

黄瓜营养丰富，味道爽脆可口，是常见的蔬菜种类。不过，也不要因为常见就掉以轻心，有些不好的、不新鲜的黄瓜不仅难吃，可能还会对身体有害呢。所以，挑选和储藏黄瓜可是一门不小的学问，不能马虎大意。

挑一挑，拣一拣

黄瓜品种多样，因为常吃的是未成熟的嫩黄瓜，所以我们可以按照嫩黄瓜的外形将其分为刺黄瓜、鞭黄瓜、短黄瓜、小黄瓜等几种。

刺黄瓜

也称旱黄瓜或者水黄瓜。这种黄瓜体形呈长筒或棍状，表面有很多竖棱，还有许多凸起的黑瘤，上面长有毛刺。这种黄瓜瓜瓤小，种子小，肉质脆嫩，汁水丰富。嫩黄瓜的刺有些扎手。

1）在挑选的时候，要注意挑带有竖棱的，这种比较脆嫩。

2）要挑选外形美观、苗条细长、皮薄肉厚、表皮鲜绿的黄瓜。

如果不能判定新鲜与否，可以观察黄瓜身上的刺。刚摘下来的黄瓜上的刺非常多，且新鲜硬挺，很是扎手，嫩刺用手轻轻摸一下就会碎断。这样的黄瓜就是新鲜脆嫩的好黄瓜。

鞭黄瓜

这种黄瓜体形成圆筒或长棒状，纵棱不明显，果实的表皮比较光滑，没有果瘤和刺毛，瓜肉较薄，瓜瓤比较厚，口感稍逊。

1）在挑选的时候，要注意瓜形，中等个头、瓜柄较短、瓜体较直、形状匀称；看表皮，表皮呈现泛出有光泽的绿色，没有白霜，这样的就是口感相对较好的黄瓜。

2）顶端没有黄线，掰开后瓜肉泛出淡白绿色，这样的黄瓜就比较新鲜。

短黄瓜

这一类黄瓜体形呈短棒形，表皮的果瘤和刺毛比较少，果肉较薄，瓜瓤较厚，口感稍逊。这一类黄瓜挑选时要注意以下几点：

1）刺瘤完整、瓜条新鲜翠绿的黄瓜比较嫩，像大肚瓜、尖头瓜、蜂腰瓜这些都是畸形黄瓜，可能是发育不良，也可能是存放时间过久，都不宜挑选。

2）如果想要脆嫩、水分较多的黄瓜，就要挑选比较硬挺的黄瓜，变软的黄瓜多半都是太老或者放久了的。有些不法小贩会把打蔫的黄瓜泡在水里，这样黄瓜看起来会比较硬挺，不过，黄瓜表皮的光泽度是无法改变的。还有，看黄瓜的瓜蒂，瓜蒂硬的就表示比较新鲜。

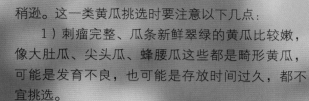

迷你小黄瓜

也称"荷兰小黄瓜"。这种黄瓜呈卵圆形，个头较小，又短又粗，表皮青翠。这个品种是从国外引进的品种，表皮光滑无刺，皮厚肉薄，瓜瓤较大，多用来做凉菜。

这种黄瓜挑选时要注意以下几点：

（1）看颜色，颜色翠绿的黄瓜比较脆嫩、新鲜，表皮泛黄的黄瓜就已经成熟变老，不适合生吃了。

（2）看外貌，如果黄瓜外形和瓜蒂都萎缩了，那说明黄瓜已经不新鲜了。

乳黄瓜

这种黄瓜呈卵圆形，个头比较小，外形看起来跟迷你小黄瓜差不多，所不同的是，这种黄瓜表面上有很多果瘤和刺毛。这种黄瓜瓜皮较厚，一般用来加工成罐头或者腌渍。

（1）我们在选择黄瓜的时候，一般会选择顶花带刺的黄瓜，这样的比较新鲜。不过，实际上，黄瓜的顶花在刚进入半成熟期时就会逐渐萎落，顶花凋落后，同一位置会收缩留下疤痕。正常情况下，黄瓜的顶花是极容易凋落的，在运输过程中的碰撞也会使大部分顶花脱落。可是有些黑心商贩，为了让黄瓜看起来新鲜，会在黄瓜顶上抹激素，以便让黄瓜保持鲜嫩的状态。想要分辨是不是抹了药，非常简单，在黄瓜顶上摸一下，正常的黄瓜顶花轻轻一碰就会掉下来，但是抹了药的黄瓜顶花使劲拽都拽不下来。

（2）查看是否有激素，还有另一个方法。那就是看黄瓜的花骨朵和花苞的连接处，如果有一个小疙瘩，形状像一个瘤，这样的黄瓜就是抹了激素的。另外，抹了激素的黄瓜顶部会变粗，黄瓜外形也会变得更加粗大。

储藏指南

　　黄瓜的最佳储藏温度是10～13℃。如果高于13℃，黄瓜就极容易失掉水分，黄瓜体内的纤维素也会被分解，黄瓜发糠，吃起来感觉有很多渣滓。

　　另外，黄瓜需要保存在相对湿润的地方，空气相对湿度一般要求保持在90%～95%，如果空气湿度偏小，黄瓜也容易失掉水分，瓜肉发糠。

　　黄瓜最简便易行的储藏方法就是用保鲜膜包起来放在阴凉通风的地方。注意，黄瓜最好不要放在冰箱里冷藏，因为冰箱的温度太低，容易使黄瓜受冻变质。

　　而农民常用的一种储藏黄瓜的方法非常独特，那就是，摘掉大白菜的菜心和内里菜叶，只留表面几层大叶子。将需要储藏的黄瓜放进大白菜里，再用外面的大叶子层层盖严实了，放到白菜窖里和白菜一同储存。

黄瓜的清洗

　　有的人觉得市场上的黄瓜看起来挺干净的，可以直接入口。再说了，以前的农民不都是渴了就直接在菜园里摘一根黄瓜，往衣襟上擦两下就开吃吗？可讲究卫生实在是必不可少的。

　　将黄瓜买回来之后，先用流动的自来水将黄瓜外皮的脏东西洗掉。可以用果蔬净和牙刷来刷洗黄瓜表皮，冲洗干净之后再将黄瓜放到清水中浸泡约20分钟。拿出来后再用流动水冲洗一遍，这样才能洗净黄瓜。

　　有些人觉得洗黄瓜是一件麻烦事儿，因为黄瓜表皮上有很多小刺，容易扎手。遇到这种情况，可以用刷子刷，或者拿两根黄瓜相互摩擦，擦掉表皮的毛刺。

一点小"健"议

　　常常有人反映，生黄瓜吃起来非常苦，尤其是黄瓜顶端，味道更苦。出现这种情况有两个原因：一是因为黄瓜中富含胡萝卜素。胡萝卜素是一种苦味素物质，能够提高人体免疫力和抗癌防癌的功效。这种发苦的胡萝卜素对人体没有什么坏处，可以放心食用。二是黄瓜已经坏了，不过这样的黄瓜吃起来非常苦。正常的苦味和坏掉的苦味差别极大，容易分辨。

　　黄瓜中富含黄瓜酶，它有极强的生物活性，能够促进机体的新陈代谢，美容功效不可小觑。

黄瓜驾到

黄瓜先生有"敌人"

黄瓜虽然富含营养，但是食用起来也不是百无禁忌的，它也有自己的"宿怨"。因为黄瓜中含有一种物质，能够破坏人体对维生素C的吸收，所以，黄瓜不能同富含维生素C的食物一起吃。

黄瓜与花生的会面

从中医的角度来说，寒性食物与油脂在一起，能够大大增强油脂滑利的特性，极容易引发腹泻。黄瓜性寒，多用来生食，又加重其寒性，而花生的油脂极丰富，两者如果同食，有可能会引发腹泻。

不过说到这里就会有人质疑了，黄瓜丁配花生米可是一道常见的爽口凉菜，经常见人这样吃，也没出什么问题啊？很少有人因此出问题，并不意味着就一定不会出问题。对于肠胃功能好的人来说，这样的吃法可能暂时不会出现腹泻、腹痛症状，只有肠胃功能弱的人才会胃肠难受。实际上，这两种东西搭配在一起，即便当时不会出问题，时间久了，还是会对脾胃造成伤害。

黄瓜与辣椒、芹菜碰头

　　黄瓜中有一种维生素C分解酶，如果与富含维生素C的蔬菜譬如辣椒、番茄、芹菜等同食，黄瓜所含的维生素C分解酶就会破坏其他蔬菜所含的维生素C，会大大减少人体对维生素C的吸收程度。不过，这种维生素C分解酶在高温下容易被破坏，所以炒黄瓜中所含的维生素C分解酶含量就低很多了。

　　另外，黄瓜性寒凉，脾胃虚弱、腹痛腹泻、肺寒咳嗽的人最好少吃；患有肝病、心血管病、肠胃病、高血压等疾病的人群最好不要吃腌制过的黄瓜。

营养丰富的水果

　　每到赤日炎炎的夏天，都有很多人喜欢拿黄瓜当水果吃，黄瓜清脆爽口、消热解暑、营养丰富，价钱还便宜，实在是消暑良品。其实，黄瓜不可一次生吃太多，应该与其他水果搭配着吃，以保证营养均衡。当然，一定要记住，黄瓜不可与富含维生素C的果蔬同食，以免影响维生素C的吸收。有的人觉得黄瓜尾部比较苦，吃的时候会将尾部去掉，其实，想要清热败火，黄瓜尾部最有效了。

黄瓜先生爱美白

　　黄瓜的美容功效应该是众所周知的吧。随便翻开一本DIY美容书，都能看到对黄瓜面膜的介绍。黄瓜不仅能够美白，还能收缩毛孔，明显紧致肌肤。

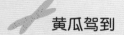

黄瓜汁的美白计

原料 黄瓜、面粉或珍珠粉。

做法

1. 将黄瓜洗净切丁，用榨汁机榨汁。

2. 把榨好的黄瓜汁放入面膜碗里，往里面加入适量的面粉调匀。面粉里含有多种维生素，能够帮助美白，并且可以将水状的黄瓜汁调成面糊，便于涂抹。

3. 洗净脸，包好头发，将面膜均匀涂抹在脸上。

4. 15分钟后，洗掉面膜即可。

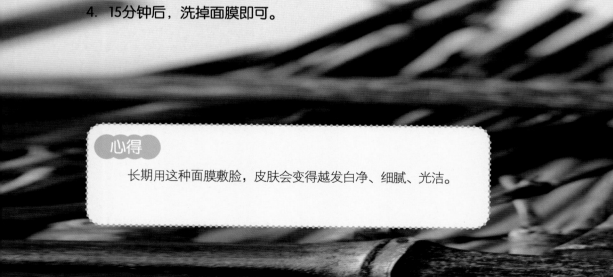

心得

长期用这种面膜敷脸，皮肤会变得越发白净、细腻、光洁。

厨房里的美容师

　　黄瓜含有丰富的营养，这一点毋庸置疑。黄瓜中所含有的大量维生素，不管食用还是外敷，都能够给皮肤和肌肉提供足够的养分，可以有效延缓皮肤老化、抵抗皱纹的产生，还能预防口角炎、唇炎等疾病。另外，黄瓜中富含细纤维素，能够有效降低血液中的胆固醇、三酸甘油酯的含量，帮助肠道中腐败食物的排泄，还能改善人体的新陈代谢，能够起到美容作用。

　　很多人都拿黄瓜当作减肥食物，因为新鲜黄瓜中含有丙醇二酸，对抑制糖类物质转化为脂肪有显著效果，不过千万别一次吃过量，以免胃肠不适。新鲜的黄瓜或者黄瓜汁外敷，能够纾缓、延展面部皱纹，还能淡化、祛除面部的色素、斑点，起到清洁和保护皮肤的作用。

　　正因如此，黄瓜才会被誉为"厨房里的美容师"。

黄瓜片的美容计

 原料 黄瓜、热水、紧肤水、毛巾。

做法

1. 将黄瓜洗净切成薄片。

2. 洗干净脸，用毛巾擦干水分，仰面朝天，将黄瓜片贴在脸部、颈部等地方，保持10~15分钟。

3. 取下黄瓜片，用湿毛巾擦拭脸部和颈部，然后在脸部和颈部拍上紧肤水即可。

> **心得**
>
> 黄瓜片美容效果极佳，尤其是在睡前做，既能够使皮肤紧致润滑，又能够达到深度清洁毛孔的作用。如果有可能，最好每天坚持做一次。

黄瓜先生智斗黑眼圈

黄瓜可真是便宜好用的美容大师，不仅能够起到美白的作用，还能迅速祛除黑眼圈。到底黄瓜要怎样才能"智斗"黑眼圈呢？我们还是一起来看看吧。

原料 新鲜的嫩黄瓜一根。

做法

1. 清水洗净脸，用毛巾擦干。

2. 将黄瓜洗净，切两片薄厚适中的黄瓜片，盖在两眼上面。

3. 15分钟后，再切两片黄瓜替换先前的黄瓜。

> **心得**
>
> 黄瓜汁液能够紧实肌肤、祛除皱纹，尤其对黑眼圈有神奇疗效。只要每天坚持用黄瓜片敷眼，一定能够让黑眼圈消失不见。

黄瓜把儿
功劳大

夏日炎炎的时候，黄瓜先生几乎是每家每户必备的菜肴。不过，很多人喜欢吃黄瓜尖，但是会顺手把黄瓜把儿掰下来扔掉，因为觉得黄瓜把儿有苦味，口感不好。其实，他们不知道，黄瓜把儿里头可是藏着不少好东西呢。

真正的功臣——葫芦素C

　　黄瓜把儿吃起来略微有点苦、有点涩，因为里面含有较多苦味素，而这种苦味素的主要成分就是葫芦素C。说到葫芦素C，这可是排毒养颜的利器啊。除此之外，黄瓜把儿还含有大量纤维素，能够促进肠胃蠕动，帮助体内废物排出，增加新陈代谢。

　　为什么黄瓜能够被誉为"厨房里的天然美容师"呢？一切都是葫芦素C的功劳。除了减少皱纹、抗皮肤老化等美容功效外，葫芦素C还能够抗肿瘤。所以，千万莫小看了一个小小的黄瓜把儿呢。

挡住苦味有妙招

　　既然黄瓜把儿有这么多作用，为什么不善加利用，让我们变得更美更健康呢？苦也不怕，有法子，我们在烹饪的时候稍微注意一下就行了。譬如，在做凉菜的时候，尽量将黄瓜把儿切碎拌入菜里调匀，或者将黄瓜把儿和整条黄瓜一起放入榨汁机榨汁饮用。

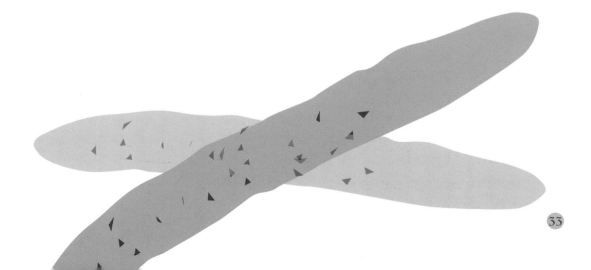

Part2

好吃的黄瓜

黄瓜是咱老百姓餐桌上最为常见的菜肴了。不管是凉拌、轻炒或为其他菜作配料，其清脆爽口的口感都深受人们的深喜爱。

黄瓜 炒肉片

特点 味道鲜美，清爽可口。

适合人群 一般人群均可食用。

材料： 黄瓜400克，五花肉200克。

调料： 色植物油2大勺，盐半汤匙，黄酒半汤匙，葱、蒜各5克，味精、胡椒粉、豌豆淀粉、香油各适量。

制作：

1. 将黄瓜洗净切成片，将肉洗净也切成片，备用。

2. 将葱洗净后切成段，将大蒜剥去皮蒜衣拍碎剁成蒜茸，备用。

3. 将肉片放于碗中用干淀粉拌匀，将剩余的淀粉加少量水，备用。

4. 将锅置于火上，倒油烧热，将肉片放入锅中翻炒至熟，盛出备用。

5. 用锅中所剩余油，将切好的大蒜、葱、黄瓜放在锅中翻炒，待黄瓜片炒熟后再放入肉片，将备好的调味料各取适量放入锅中，倒入湿淀粉勾芡，翻炒均匀即可。

烹饪高手支招

用湿淀粉勾芡，可增加菜肴的口感，使肉更鲜嫩美味。

健康心语

这道黄瓜炒肉片色艳味香，
又能对儿童缺铁性贫血有益处，
特别适合小朋友食用。

黄瓜炒鸡丁

特点 开胃，清甜脆爽。

适合人群 一般人均可食用，尤其适合儿童食用。

材料：鸡胸肉（或鸡腿肉）300克，黄瓜1根。

调料：植物油2大勺，料酒1汤匙、酱油1汤匙、淀粉少许，盐适量、白糖1汤匙，花椒适量。

制作：

1. 黄瓜洗干净切丁待用。

2. 鸡肉切丁，加入料酒、酱油、淀粉。腌制15分钟。

3. 锅中油烧至七成热，放入花椒爆香一下，然后捞出花椒，倒入鸡丁煸炒。

4. 鸡丁煸炒发白，就可以倒入黄瓜丁一起翻炒。

5. 最后加入盐、白糖，少许清水，翻炒片刻。

6. 待汤汁收全即可出锅。

烹饪高手支招

1. 黄瓜翻炒的时间不宜太长，刚刚熟即出锅，口感会好些。

2. 鸡肉提前腌制一下，会更加入味，口感也更加嫩滑。

健康心语

　　汁多味甘、脆嫩可口的黄瓜丁，再搭配上鸡肉的细嫩、香滑，这道菜不但口感俱佳，营养也更加丰富了。

玉米黄瓜丁

特点 开胃，清甜脆爽。

适合人群 一般人均可食用，尤其适合儿童食用。

材料：罐装玉米1罐、黄瓜1根、胡萝卜1根、葱段10克。

调料：植物油2大勺，盐半汤匙，水淀粉适量。

制作：

1. 将黄瓜、胡萝卜洗干净，切丁，备用。

2. 将玉米罐头打开，把玉米粒倒出来，虑干水分。

3. 锅中烧开水，先把黄瓜丁、胡萝卜丁焯水1分钟后捞出，备用。

4. 再倒入玉米粒焯水半分钟后捞出，备用。

5. 锅中放底油，油热放葱段，倒入黄瓜丁、胡萝卜丁、玉米粒翻炒。

6. 大火翻炒，加盐调味。

7. 最后倒入水淀粉，勾薄芡就可以起锅了。

烹饪高手支招

1. 除了黄瓜丁、胡萝卜丁，还可以依据个人口感加入洋葱等其他蔬菜丁。

2. 这道菜是素食者最爱的佳肴，口感清爽、脆甜。

健康心语

黄瓜和胡萝卜都是营养丰富的食物，不但色香味美，还含有大量的营养素，是一道宴请亲朋好友的家常必备菜。尤其适合儿童补充营养食用。

酱爆黄瓜

特点 酱香味美，口感宜人。

适合人群 一般人群均可食用。

材料： 黄瓜300克。

调料： 植物油1大勺，食盐半汤匙，酱油2汤匙，葱末、姜末、蒜末各10克，白糖、高汤适量。

制作：

1. 将黄瓜洗净切成小丁，备用。

2. 将锅置于火上，倒入植物油烧至五成热时，放入姜末、葱末、蒜末翻炒炸香。

3. 再倒入切好的黄瓜丁略翻炒后，调下酱油翻炒均匀，倒下高汤，转大火翻炒。

4. 最后调入食盐、白糖翻炒均匀，即可出锅。

烹饪高手支招

要用新鲜的嫩黄瓜，炒出的菜口感更好。

健康心语

这道简单的酱爆黄瓜咸鲜醒胃，酱香宜人，是下饭的最佳配菜。若喜欢吃肉的人可加入肉丁一起爆炒，别有一番风味哦。

黄瓜 炒虾仁

特点 脆嫩清香，细滑鲜美。

适合人群 一般人群均可食用。

材料： 黄瓜1根，虾仁200克。

调料： 蒜片5克，食盐半汤匙，植物油1大勺，糖、辣椒、米酒各少许。

制作：

1. 将黄瓜洗净去头尾，并切成小块备用。

2. 将虾仁洗净控水放入碗中，加少许米酒腌10分钟左右后，放在开水中略煮，待颜色变红时立即捞出。

3. 将炒锅置于火上烧热，再倒入少量植物油，放蒜片、辣椒爆香后，倒入虾仁与备好的黄瓜块翻炒，最后倒入少许热开水、适量食盐和糖翻炒至入味即可。

烹饪高手支招

1. 食材在锅内翻炒的总时间尽量不超过5分钟，黄瓜和虾仁均是易熟食材，炒久会影响口感。

2. 虾仁容易收缩，热水煮的时间不宜过长，否则炒后会变得又老又小。

3. 虾仁洗好后，可放入冰箱冷藏15分钟左右。这样既可保持虾仁的鲜脆，又可防止虾仁缩水。

健康心语

　　黄瓜炒虾仁中的虾仁爽滑、黄瓜脆嫩，清淡且富含营养，又有减肥强体的功效。食材常见且简单易做，尤其适合家里有宝宝或者孕妇的朋友，快试着做做吧。

黄瓜炒鸡蛋

特点 口味清淡，营养丰富。

适合人群 一般人群均可食用。

材料： 黄瓜200克，胡萝卜200克，鸡蛋2个。

调料： 蒜末少许，盐半汤匙，花生油1大勺。

制作：

1. 将黄瓜、胡萝卜分别洗净后切片，备用。

2. 将鸡蛋打散，加少许盐调匀。

3. 将锅置于火上，倒入适量的花生油，待油热后放蒜末爆香，倒入打散的鸡蛋液翻炒滑散。

4. 再放胡萝卜片，翻炒1分钟左右，放黄瓜片，转中火翻炒至胡萝卜断生。

5. 加适量盐翻炒均匀即可。

烹饪高手支招

1. 为菜品更美观，可将黄瓜洗净切成菱形片。

2. 待油加热至六成热时，再倒入打散的蛋液炒成蛋花，以免油温过热蛋液溅起伤人。

健康心语

　　黄瓜与鸡蛋搭配，既省时间，又不失营养。一年四季皆可作为家中常见菜肴食用，美味又健康。

黄瓜驾到

黄瓜 鸡蛋锅贴

特点 味道鲜美，清香四溢。

适合人群 一般人群均可食用。

材料： 黄瓜3根，面皮500克，鸡蛋3个。

调料： 食盐半汤匙，淀粉半汤匙，植物油1大勺。

制作：

1. 将黄瓜洗净去皮切成碎粒，略挤一下去掉水分。

2. 将鸡蛋打散炒熟成鸡蛋碎。

3. 把黄瓜碎和鸡蛋碎放入碗中只加适量食盐，搅拌均匀和成馅料。

4. 取出面皮，加馅包成饺子状。

5. 将锅置于火上，放少许植物油，待油热后把饺子放入锅中摆放整齐。

6. 将淀粉加水调匀，淋到锅中，盖上锅盖4分钟左右出锅即可。

烹饪高手支招

1. 先挤掉黄瓜中的水避免馅料汤汁过多影响味道。

2. 馅料中只加入食盐，是为了保持其清香的口味。

3. 淋入水淀粉汁后火不要太大，锅贴不易糊。

健康心语

　　喷香的黄瓜鸡蛋锅贴就这样做好了，是不是很简单。与家人团聚时上一道如此营养健康、清新自然，又气血双补、益智补脑的味美菜肴是再好不过的了。

脆爽黄瓜

特点 清脆嫩爽，满口留香。

适合人群 一般人群均可食用。

材料： 黄瓜300克，鲜猪肉100克，鸡蛋1个，火腿末10克。

调料： 食盐半汤匙，鸡精、味极鲜各适量、植物油1大勺，葱末、干辣椒各10克。

制作：

1. 将黄瓜洗净，切10厘米左右长度的黄瓜段。将鲜猪肉洗净切丁，干辣椒切碎。

2. 把黄瓜段一剖为二，将黄瓜瓤去掉，只将靠近瓜皮的一层瓜肉留下即可。

3. 将黄瓜段放入开水锅中加盐过水，2分钟左右捞出沥水。

4. 将鸡蛋打散，炒成鸡蛋碎备用。

5. 锅内热油，爆香葱末和干辣椒后，放入鲜猪肉丁。加入适量食盐、鸡精、味极鲜翻炒均匀。

6. 待肉丁稍变色时，将炒好的鸡蛋碎和火腿末倒入锅中翻炒片刻，盛入碗内。

7. 将炒好的料放入盘中。

8. 食用时，将炒好的馅料取适量放入黄瓜段中，就着黄瓜皮吃即可。

烹饪高手支招

1. 要用鲜嫩的黄瓜，过水时一定要加少许食盐，且过水时间不宜过长，才能有清脆的口感。

2. 鲜肉丁不宜在锅中翻炒过久，影响口感。

3. 脆嫩的黄瓜皮包上香喷的馅料，口感清脆嫩爽，满口留香。

健康心语

　　自己动手在家做这道脆爽黄瓜，荤素搭配，既节俭又养生，但是不要一次做太多，倒掉了可惜，剩菜里面含有亚硝酸盐不利于健康，所以再好的美味也不可过多食用哦！

七彩 黄瓜卷

特点 色彩鲜艳、营养丰富。

适合人群 一般人群均可食用。

材料： 黄瓜1根，鸡蛋2个，木耳2朵，红椒1/2个，青椒1/2个，黄椒1/2个。

调料： 色拉油1大勺，食盐半汤匙。

制作：

1. 红椒、青椒、黄椒洗净，分别切成小丁备用。木耳泡发洗净，也切成碎末备用。

2. 将黄瓜洗净，用削皮器将黄瓜削成长薄片，分成2段备用。

3. 分别将黄瓜片卷成空心卷，整齐地码在盘上。

4. 将鸡蛋打散，放入木耳碎和各种彩椒粒，加适量食盐搅拌均匀。

5. 将锅置于火上，倒油烧热后下彩椒鸡蛋液，翻炒成鸡蛋碎即可。

6. 最后，将放凉的彩椒鸡蛋碎用筷子填入黄瓜卷中即可。

烹饪高手支招

1. 黄瓜一定要削成薄片，卷黄瓜时不会断且易成型。

2. 彩椒鸡蛋要出锅放凉后再用筷子填入黄瓜卷中，这样不会影响口感。

健康心语

　　七彩黄瓜卷色泽艳丽，口味清香，而且营养丰富，最适合做给小朋友吃了，不仅大大提高小朋友的食欲，更能让他们在享受美味的同时健康成长。脆脆的黄瓜加上嫩嫩的鸡蛋，真是美极了。

53

 黄瓜驾到

黄瓜 拌雪梨

特点 清凉爽口，营养丰富。

适合人群 一般人群均可食用。

材料： 雪梨2个，黄瓜1根。

调料： 白糖25克，柠檬汁20克，蜂蜜10克。

制作：

1. 将黄瓜洗净切丝。

2. 将雪梨洗净去皮去核，切丝。

3. 将切好块的雪梨和黄瓜放入盘内。

4. 加适量白糖、柠檬汁、蜂蜜调味，搅拌均匀即可。

烹饪高手支招

1. 为使口感更好，可将柠檬汁与白糖、蜂蜜调匀后再与雪梨、黄瓜搅拌均匀。

2. 黄瓜皮可以不用去，但是为了不影响口感，雪梨一定要去皮。

健康心语

　　这道雪梨黄瓜不仅清热消暑，健脾开胃，还具有生津润燥、解毒化痰等作用。特别是在夏天比较干燥闷热的地区，来一盘雪梨黄瓜，真是既美味又清凉。

拍 黄瓜

特点 解暑降温，美味可口。

适合人群 一般人均可食用，是糖尿病人首选的食品之一。

材料： 嫩黄瓜500克，彩椒适量。

调料： 蒜蓉10克，盐半汤匙，白醋、芝麻油各适量。

制作：

1. 将锅置于火上，烧热倒入一匙芝麻油，转小火加蒜蓉拌匀，备用。

2. 再加入盐、白醋搅拌均匀成腌渍料。

3. 将嫩黄瓜、彩椒洗净切成块。

4. 将黄瓜、彩椒块放入腌渍料里拌匀。

5. 放入冰箱冷藏半小时，取出即可。

烹饪高手支招

1. 白醋能让黄瓜长时刻保持翠绿的鲜艳色彩，令菜品品相美观。

2. 要将腌渍料调好后再放入黄瓜，不可先用盐腌制，会影响黄瓜的脆感。

3. 放入冰箱冷藏，目的是为了让菜品更加清脆爽口。

健康心语

　　黄瓜本身热量低、又含有美体减肥的营养成分，可除湿利水、清热解毒。其中所含的膳食纤维又有促进有毒物质排出和降低胆固醇的作用。这道爽口的拍黄瓜，是夏天家常必备的凉拌菜，不仅吃进了美味，更吃出了健康。

 黄瓜驾到

鸡 丝 黄瓜

特点 营养美味，口感好。

适合人群 一般人均可食用。

材料： 黄瓜1根，鸡胸肉300克，豆腐干30克。

调料： 辣椒油20克，蒜蓉辣酱1汤匙，姜、葱各5克。

制作：

1. 将豆腐干切块，备用。

2. 将葱、姜洗净，切末，备用。

3. 将鸡胸肉洗净，用刀背锤后切成丝。

4. 换锅倒入冷水，待水开后把鸡肉放入，焯熟捞出。

5. 焯鸡肉的同时，可把黄瓜洗净切丝，摆在盘底，切好的豆腐干摆在黄瓜丝上。

6. 将焯好水的鸡肉丝晾凉，放在豆腐干上。

7. 锅放于火上，烧热再倒油，待油六成热时，放入葱末、姜末炒香，再倒入两大勺蒜蓉辣酱。

8. 翻炒片刻后盛出，倒在鸡丝上即可。

烹饪高手支招

1．鸡胸肉用刀背锤后，可使口感更嫩滑。

2．热水焯鸡肉时，熟后须马上捞出，焯时间太久会影响口感。

3．炒辣酱时，可先用水把辣酱泻开，待油热后倒入。

鸡丝营养丰富、豆腐干美味、黄瓜清脆可口，这道鸡丝黄瓜可谓是营养丰盛、美味一流的家常必备菜。

蓑衣 黄瓜

特点 酸甜辣口，爽脆开胃。

适合人群 一般人群均可食用。

材料： 黄瓜3根，大蒜3瓣，泡椒适量。

调料： 芝麻油、米醋、盐各1汤匙，白糖半汤匙，味精、凉白开水各少许。

制作：

1. 将大蒜洗净压成蒜泥，泡椒切碎。

2. 将所有的调料放入小碗后再加入2汤匙凉白开水搅拌均匀。

3. 将黄瓜洗净放在案板上，用两根筷子夹住黄瓜，刀刃与筷子呈45°角斜着下刀将一侧的黄瓜切成片，切到筷子处即停，切完一面后用同样方法切另一面。

4. 将切好的黄瓜摆盘，再将调好的调料浇在黄瓜上。

5. 盖上保鲜膜放入冰箱冰镇一会儿即可。

烹饪高手支招

1. 为能出现美观的造型，选购黄瓜时，最好选用直的黄瓜。用筷子夹住黄瓜，是为了在切时不易切断。

2. 没有事先用盐腌制的黄瓜，放在调料中后会出水，使黄瓜被更多汁浸泡，令其更容易入味。

3. 建议选用细嫩的小黄瓜，做出的菜口感更爽脆。小黄瓜颜色翠绿，籽少肉脆，口感极佳。

健康心语

蓑衣黄瓜不仅外形美观，而且充分保留了黄瓜原有的营养功效，可谓是黄瓜爱好者的首选。

黄瓜夹

特点 营养独特，味道鲜美。

适合人群 一般人群均可食用。

材料： 黄瓜1根，火腿半根，碎芹菜叶10克。

调料： 色拉油2大勺，食盐、淀粉各半汤匙，清汤1大勺。

制作：

1. 淀粉加少量水调匀，备用。

2. 将黄瓜洗净切片，备用。

3. 将火腿部分切片，另一部分切丁。

4. 将火腿片夹入两片黄瓜中，整齐地摆入盘中。

5. 将锅置于火上倒入色拉油烧热，放入火腿丁、碎芹菜叶翻炒，再加入清汤煮沸后，加适量食盐调味，倒入水淀粉勾芡。

6. 最后将汤汁淋在黄瓜夹上即可。

烹饪高手支招

1. 黄瓜夹里可以依据个人口味，夹入自己喜欢的食物，如菌类等。

2. 此外，还可以在调汤汁时加入适量咖喱粉，做成咖喱味的黄瓜夹。

健康心语

炎热的夏季，来一道黄瓜夹，既清爽，又解腻，还有解暑、除烦的作用。

蝉翼黄瓜

特点 清热下火，开胃凉菜。

适合人群 一般人群均可食用。

材料： 黄瓜1根。

调料： 白糖、白醋、水各适量，植物油1大勺，盐1汤匙，花椒5克。

制作：

1. 将黄瓜洗净去头去尾，切成拇指长的段，平放于菜板上。

2. 刀工好的可以将黄瓜滚削成透明薄片，或者切成的黄瓜片越薄越好，瓜瓤不入菜。

3. 再将黄瓜片切成三指宽，加适量盐腌5分钟左右，用清水冲洗后沥干。

4. 将适量白糖、白醋和少量水调匀后，撒在黄瓜片上，放入冰箱腌制半个小时左右，摆盘。

5. 将锅置于火上，加少量油烧热，放入花椒炸香，盛出泼在黄瓜片上，再放入冰箱凉至食用即可。

烹饪高手支招

1. 为追求菜肴的独特风味，白醋、白糖、水的比例最好为：1∶1∶1。

2. 为将黄瓜尽量切薄，可以采用这样的方法：右手平直拿刀与菜板平行，左手扶住黄瓜段，进刀时刀面要贴着菜板慢推，左手随着进刀方向和速度，慢慢地将黄瓜段向左滚，这样就能片出厚薄一致、不间断的黄瓜片了，又可剔除瓜瓤。

健康心语

　　凉拌黄瓜中，最难做的就属这道蝉翼黄瓜了，然而也是最好吃的。蝉翼黄瓜主要既能清热消暑，又美味爽口，是与凉拌黄瓜一样夏天必备的家常菜，黄瓜的营养全在其中，吃得健康又放心。

红油黄瓜

> 特点　色香俱全，清香脆辣。
>
> 适合人群　一般人群均可食用。

材料：黄瓜300克，熟芝麻、熟花生碎各10克。

调料：食盐、醋、白糖各半汤匙，辣椒末、香叶、花椒、小茴香各5克，植物油1大勺。

制作：

1. 将黄瓜洗净切块放入碗中，加适量食盐腌制。

2. 将适量辣椒末、芝麻和花生碎一起放入碗中，备用。

3. 将锅置于火上，倒入油烧热，放入香叶、小茴香、花椒炸香后，捞出调味料。放入辣椒末等炸熟出香味。再放入芝麻和花生碎一起煸炒几下，这样红油就做好了。

4. 将腌制好的黄瓜倒掉腌出的水，加入适量醋、糖，再淋入红油搅拌均匀即可。

烹饪高手支招

1. 黄瓜选用新鲜的嫩黄瓜，吃起来口感好。

2. 这道菜红油是关键。在制作红油时，加入芝麻和花生，使口感更加浓香。

健康心语

  红油黄瓜是一道简单爽口的小菜，吃后让人回味无穷，又有健脑安神之功效。除天热必备，与粥搭配食用也非常好。

开胃 瓜皮

特点 酸甜开胃，凉脆爽口。

适合人群 一般人群均可食用。

材料： 黄瓜数根。

调料： 食盐半汤匙，白糖半汤匙，醋半汤匙。

制作：

1. 将黄瓜洗净后，用削皮器将黄瓜皮削下成条状放入碗中。

2. 依个人口味，放适量白糖、醋和少许食盐。

3. 搅拌均匀后放入冰箱冷藏腌制1小时左右即可。

烹饪高手支招

1. 喜欢吃辣的人可以放入适量辣椒末，口味更特别。

2. 削了皮的黄瓜不要浪费，可生吃或做成其他菜品。

健康心语

黄瓜皮是黄瓜营养的精华所在，黄瓜皮中的维生素含量是其肉质部的3倍以上，所以，这道菜的特别之处就在于此，常吃开胃黄瓜皮对身体大有好处，赶快试试吧。

黄瓜条

特点 脆辣可口，营养美味。

适合人群 一般人群均可食用。

材料：黄瓜2根。

调料：植物油1大勺，酱油、食盐、白糖、味精各半汤匙，干辣椒5克。

制作：

1. 将黄瓜洗净切成2厘米左右长的黄瓜段放入碗中，加适量食盐腌制10分钟左右，倒掉腌出的水并滤干。

2. 将锅置于火上，倒少量油烧热，将干辣椒煸炒出香味，趁热倒入黄瓜中，再加入酱油、白糖、味精拌匀即可。

烹饪高手支招

1. 辣椒要用干红的小辣椒，黄瓜选用鲜嫩翠绿的黄瓜。

2. 可根据个人口味更换调味料，糖尿病患调料中不加糖。

健康心语

　　这道菜是在高温环境下作业的朋友之首选，不仅防暑还解热。此菜也深受素食者和糖尿病患者的钟爱。

肉丝拌黄瓜

特点 色泽美观，爽脆清口。

适合人群 一般人群均可食用。

材料： 黄瓜150克，猪瘦肉200克，鸡蛋1个。

调料： 食盐、酱油、醋、味精、麻油、淀粉各半汤匙，芥末少许，色拉油1大勺。

制作：

1. 将黄瓜洗净切成丝，鸡蛋取蛋清入碗中，淀粉加水调匀，备用。

2. 将猪肉去筋洗净，同样切成细丝，放入碗中加蛋清、盐、湿淀粉、味精各适量搅拌均匀。

3. 将锅置于火上，加油烧热，将肉丝放入锅中炒散至熟，倒入漏勺沥去油。

4. 将肉丝、黄瓜丝放入盘中，再浇上适量酱油、醋、味精、麻油，搅拌均匀即可。

烹饪高手支招

黄瓜不要切得过细，拌时易断也不美观。

健康心语

　　这道肉丝拌黄瓜是以精瘦猪肉和黄瓜为主要食材的拌制菜肴，以其口味清香，健脾开胃的特色闻名。不仅营养价值丰富，更有减肥的功效。

清凉 黄瓜汁

特点 清凉可口，解渴消暑。

适合人群 一般人群均可食用。

材料：新鲜嫩黄瓜4根。

调料：蜂蜜半汤匙。

制作：

1. 将黄瓜洗净去皮切成小块。

2. 将黄瓜块放进榨汁机鲜榨成汁。

3. 可根据个人口味加入蜂蜜，搅拌均匀即可。

烹饪高手支招

1．选购时一定要挑选嫩绿带刺的黄瓜，这样的黄瓜新鲜多汁。

2．闷热的天气，早上起床容易口干舌燥，不妨先饮上一杯新鲜的黄瓜汁，消暑提神，既可以解渴，又可以清肠，排毒养颜。

3．剩下的黄瓜碎渣可以用蜂蜜调制成面包酱。

4．黄瓜碎渣还可用来制作面膜敷脸，天然、纯正、不浪费。

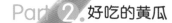

健康心语

　　黄瓜汁可以在早晨喝一杯，能起到清爽肠胃的作用。因为黄瓜中含有大量的维生素，既可补充人体所需的营养，又可以抗衰老，真是清热、养颜两不误！

黄瓜汤

特点 清凉消暑，口味适中。

适合人群 一般人均可，肠胃不好者最好少喝。

材料：黄瓜80克，鸡汤200克；柠檬汁、酸奶各半汤匙。

调料：青葱、薄荷叶各5克，盐、胡椒各半汤匙。

制作：

1. 将黄瓜洗净切成小块，青葱洗净切成段，薄荷叶洗净；备用。

2. 将切好的黄瓜、青葱段与薄荷叶一同放入果汁机中，倒入鸡汤，加柠檬汁、盐、胡椒各适量，榨成厚糊状。

3. 将汤盛入碗中，再加入少许酸奶调和均匀即可。

烹饪高手支招

1. 黄瓜要挑选鲜嫩多汁的。

2. 所有调味品及配料都可依个人口味适量添加。

健康心语

　　黄瓜汤被称为"美容养颜汤"的主要原因是其原料黄瓜。此汤尤其适合在正餐前饮用，其低脂高营养的特点，喝起来清凉的口感，在开胃消暑的同时又能提神醒脑，当真是夏日里轻松身心、唤醒味觉的理想之选。

紫菜 黄瓜汤

特点 清淡鲜美，气味宜人。

适合人群 特别适合减肥人士食用。

材料：新鲜黄瓜150克，海米25克，紫菜15克，鸡蛋2个。

调料：葱、姜各5克，食盐、味精、香油各半汤匙。

制作：

1. 将黄瓜洗净切片，将鸡蛋打散，将葱、姜洗净，葱切葱花，姜切丝，备用。

2. 将炒锅置于火上，倒入适量冷水，放入姜丝和海米，大火烧开。

3. 放入黄瓜片，待黄瓜片变色后打入蛋花。

4. 然后加紫菜和葱花，并加适量盐调味。

5. 最后滴入香油出锅即可。

烹饪高手支招

1. 待锅内水煮沸后撇浮沫，保持汤的鲜美口感。

2. 将黄瓜切成菱形片状，放入锅中，利于入味。

健康心语

此汤营养丰富，口味淡鲜，孕期妇女食用，可获得较全面的营养，又利于胎儿脑细胞、骨骼、牙齿等器官的发育生长。

79

金橘 黄瓜汁

特点 性质温和，清凉去火。

适合人群 适合经常感到喉咙不适的人。

材料： 小黄瓜1条，金橘7颗，冰水120毫升，芦荟1根。

调料： 冰块7块，蜂蜜半汤匙。

制作：

1. 将金橘洗净后对切，取汁放入碗中。

2. 将黄瓜、芦荟洗净后切成细丁。

3. 将以上材料放入果汁机中，加入冰块和适量水，用慢速打3分钟至材料细碎成汁。

4. 可依据个人口味适量添加蜂蜜即可。

烹饪高手支招

打成碎汁后，也可不加蜂蜜，口味更独特。

健康心语

　　金橘黄瓜汁是一道清凉退火的饮品，不仅具有美白的功效，长期饮用还可令肌肤感到紧致清爽，效果神奇。还等什么呢，赶快动手制作来与家人一起分享吧！

Part3
好玩的黄瓜

黄瓜是美味佳肴，又能美容、减肥、预防并治疗疾病，除此之外，黄瓜还能用作玩具，给人们的生活增添别样的情趣。

黄瓜先生
雕成花

因为黄瓜脆硬的特点，它不仅能够用作食材和美容原料，也常被拿来做雕刻。很多厨师们都喜欢在精心烹制的菜肴上加一些点缀，不仅好看，还能入口，而黄瓜雕刻就是最常见的一种食物点缀了。而要想雕刻出精巧美观的拼盘，最重要的一点就是挑选原料。

选好原料很重要

1. 看外形。用来做雕花的黄瓜一定要选择新鲜硬挺、表面光洁，没有疤痕和划伤的黄瓜。

2. 看质地。用作雕刻的黄瓜一定要纤维整齐、致密，分量够重，具有质感。

3. 黄瓜是一种季节性作物，要根据不同的季节挑选不同的黄瓜品种。

4. 根据雕刻作品的主题来选择不同的黄瓜，因势利导。

原料与成品、半成品的存放

黄瓜含水分较多，极容易发蔫，也容易变质，所以在储存的时候要格外注意。很多人常抱怨黄瓜买回来两天就打蔫了，口感不好。下面就给大家介绍几种行之有效的储藏方法：

1. 原料的存放：将黄瓜放在阴凉、湿润、通风的地方，这样黄瓜内部的水分不容易被蒸发，表皮不容易皱缩。

2. 雕刻品的存放：成品存放的方法有两种，一种是低温保存，就是将雕刻好的作品浸泡在水里，然后密封上，移入冰箱或冷库。温度要低，但是千万不能结冰，这样就能保持雕刻品长期不脱水、不褪色，有效延缓黄瓜的衰亡。另一种方法是，将雕刻好的作品浸泡在清新舒爽的水里，加入少量白矾，定期换清水。

3. 半成品的存放：用湿布或者保鲜膜将其包好。这样可以防止水分蒸发，半成品变软变色。需要注意一点，雕刻的半成品千万不要放入水中浸泡，免得其吸收过量水分变得太脆，不宜于后续处理。

黄瓜雕成花

　　黄瓜的肉质丰满、水分含量高，又有一定韧性，所以能够加工成各种形状。不同形状、不同大小的黄瓜雕刻都能够经过艺术拼摆，看起来赏心悦目，吃起来清脆爽口。有时候，有的厨师会利用黄瓜表皮和内瓤肉质色泽的差异，掏掉内瓤，将一条黄瓜做成小船、小盅、小花篮或者其他小摆饰，匠心独运、别出心裁。

黄瓜种植技巧多

土壤选择

黄瓜是一种比较娇贵的蔬菜，种植起来有许多需要注意的事项。首先，要选择适宜的土壤，土壤酸碱值最好在6.0~7.5，土壤有机质含量高，排水灌溉良好，既保水又保肥的偏黏性沙壤土。另外，黄瓜千万不要与瓜类作物连种，最好是与小白菜、菜薹之类的青菜套种。种黄瓜对地势也有要求，最好是2米宽、30厘米高的深沟高畦，南边向，双行植，株距30厘米左右。

播种季节

黄瓜是季节性植物，最合适的播种季节在1~3月和6~8月。不同的时节，播种方法也有差别。年初播种应该先浸种催芽，待瓜苗长出来后再用地膜覆盖植被；夏秋季节播种既可以采用浸种的方式，也可以用干种直接播种。

播种方法

浸种催芽法是一种常见的育种方法，除了黄瓜种，稻谷种也常如此。浸种法是用55℃左右的温开水烫种消毒10分钟，这个过程中要不断翻搅，以免种子被烫

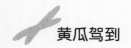

伤。之后再用30℃温水浸泡种子约5个小时，搓洗干净后捞出来沥干水分。最后，为了保证幼芽长出，要将种子放在28～30℃的恒温箱或温暖处，大约20小时种子即可发芽。

育苗栽种

　　早春保温育苗可以用育苗杯或者苗床进行培育，幼苗长出15～20天、出了2片真叶的时候移栽。移栽一定要选取晴天傍晚，这个时候阳光有一定温度，又不至于灼伤幼苗。起苗之前要淋透水，起苗的时候要依次进行，苗上一定要带着土，以免根系受损。

搭架引蔓与整枝

　　一般当卷须出现时便要插竹搭架引蔓，搭人字架即可。在卷须出现后开始引蔓，每隔3天左右引蔓一次，但要在晴天的傍晚进行，使植株分布均匀。黄瓜依品种来确定是否整枝，主蔓结果的品种一般不用整枝，主侧蔓结果或侧蔓结果的品种，则要合理的摘顶整枝，一般8节以下侧蔓全部剪除，摘顶在9节以上侧枝留3节后，主蔓30节左右摘顶。

肥水管理

　　种植黄瓜一定要施足基肥，这是稳产高产的关键。整地的时候要深耕地，施入足量的腐熟有机肥，每亩地施肥量2000～3000千克。当黄瓜植株长出2～3片真叶时，就要开始追肥了。黄瓜根吸收能力较弱，但是对高浓度肥料的反应非常敏感，所以要勤施肥、薄施肥。每隔7天追肥1次，每亩地施尿素5～6千克。

　　当黄瓜植株出现卷须的时候，一定要除草，免得杂草太盛，夺了黄瓜的养分。除草最好在中午太阳最烈的时候进行，让毒辣的日头将拔起来的杂草晒枯。除草的时候一定要培土加上施肥。第一批黄瓜采收之后再培土施肥1次。每亩地大概施15～20千克的花生

麸皮、30千克的复合肥、10千克的钾肥。

因为夏秋季节降雨量很大，肥水容易流失，随着气温的逐渐升高，黄瓜植株生长发育比较迅速，也会迅速衰老。所以不仅要施足基肥，也要及时追肥。一定要重视磷钾肥的比例，避免出现植株徒长和早衰的现象。

春季种植的黄瓜在幼苗期一定要严格控制水分。开花结果期间需要足够养分和大量水分，晴天时候，一般每天淋水1次，干旱时节可以每4天灌1次水。下雨天还要做好排水防涝的工作。

采收

当黄瓜植株长出卷须的时候就要搭架子，将枝蔓牵引攀爬上去。每3天左右就牵枝引蔓一次，让植株分布均匀。如果藤蔓落在地上，结出的黄瓜贴在地面上，极容易造成腐烂。牵枝引蔓的工作要在晴天的傍晚进行。植株是否需要整枝依具体情况而定，主蔓结果的一般不用整枝，但是主侧蔓结果或侧蔓结果的，需进行合理地摘顶整枝工作。一般将8节以下侧蔓全部剪除，摘顶在9节以上侧枝留3节后，主蔓30节左右摘顶。

黄瓜先生在阳台

　　很多人担心外面买来的黄瓜不新鲜或者打了农药，不敢入口，想自己种，又嫌没地方。其实，种黄瓜不用刻意找农田，种在阳台上就可以，还能给阳台点缀别样的风景。阳台上种黄瓜，因为条件所限，种在花盆里是最常见的选择。

小小种子不简单

种植黄瓜跟其他不一样，不是简单地将种子埋在土里就能等着黄瓜苗长出来的。黄瓜种子在播种前需要在太阳底下暴晒大约4小时，之后要经过一系列的复杂程序来育种催芽。等到芽冒出白头的时候，才能将种子移栽至土壤中。

用来种黄瓜的花盆里需要提前一天浇透水。播种最好选择晴天的上午，将种子埋入土中，再在上面覆盖约1厘米厚的土壤。种子发芽期间，白天的温度在28~30℃，夜间温度18℃最为适宜。正常情况下，种子3天左右就能够发芽。等到幼苗破土而出后，白天的温度应该控制在23~25℃，夜间温度应保持在14~18℃。

水果黄瓜与众不同

水果黄瓜与一般的黄瓜比较不同。水果黄瓜不喜强光，在弱光的情况下才能够有较高的产量。在夏季高温、强光的情况下，需要加盖遮阳网。水果黄瓜比较娇弱，对病毒性的抵抗力不强，譬如霜霉病、角斑病、白粉病等都会对其造成极大影响。如果加盖遮阳网，对这些病毒也有一定的预防作用。

水果黄瓜植株生长非常迅速，从种子落土到黄瓜采摘只需要50天即可。第一批采摘要将枝头的黄瓜及时摘除，植株根部可以长黄瓜，但是千万不要留种瓜，以免吸取过多营养而影响植株的生长。

黄瓜先生在庭院

在庭院里种植黄瓜，和在阳台上种植差不多，还要更加简单一点。庭院种植黄瓜需要定期浇水，按时施肥。庭院里种植黄瓜需要多注意温度，如果在低温时节，瓜秧长势不良、瓜打顶，这种情况下的主要原因可能是植株根系出了问题，具体的症状是根群萎缩、新根不发、根系吸收能力严重下降。出现这样的问题很容易解决，一方面提升植株温度，加强保温措施；另一方面要使用配方生根液灌溉根系，每一株大概灌药50～100毫升，在距离根部6.6厘米处扎深孔，将药液推入。

黄瓜先生移进盆

黄瓜品种繁多，有些比较适合作为盆栽品种，有些则比较困难。所以，我们一定要先挑选好种子，知道哪些品种比较适合盆栽。

荷兰小黄瓜

这种植株蔓生性强，果实长约10厘米，表面光滑无刺，肉质甘甜爽脆。这种黄瓜生长迅速，从种植到采收60天左右，产量很高。对温度的要求不算太高，室内可以四季种植。

日本小黄瓜

这种植株蔓生，但是结瓜的多是主蔓。生长迅速，具有抗病、耐热等特点。黄瓜呈短棒状，果实长约20厘米，粗5厘米，表皮为浅绿色，肉质脆嫩、清香、口感好。

碧玉黄瓜

这种植物有侧蔓，但是多是主蔓结果。这种黄瓜是欧洲广辟水果型黄瓜的杂交品种，非常耐热。长成的黄瓜多在18～20厘米，重150～200克，条直，果肉厚，瓤小，表皮碧绿无刺，口味清香脆嫩。抗病性较强，尤其是白粉病。一年四季，除了冬季外，都适合在大棚或者温室中种植。不过夏季高温时节是最佳种植季节。大棚栽培亩产2000～2500千克，温室吊绳栽培亩产2500～4000千克。

翠玉黄瓜

此品种生命力强，种子用温水浸泡催芽，成活率很高。植株上侧蔓的花朵要及早摘掉，只留主蔓上的花和果实。果实长约10厘米，表皮光滑无刺，肉质爽脆香甜。从下种到结果约50天，产量很高。室内四季皆可种植，不拘南北。

小可爱多黄瓜

这种黄瓜表面有毛刺，但不扎人。果实长约8厘米，肉质清香甘甜。从下种到收获约60天时间，产量很高。适合种植在阴凉干爽、通风情况良好的环境中。

春秋黄瓜

这种黄瓜生命力强，多是主蔓结果。果实表皮为淡白绿色，较有光泽，肉质清香甘甜。从下种到收获约60天时间，产量较高。

水果黄瓜

　　这种黄瓜最适宜盆栽，果实长约10厘米，表皮光滑无刺，肉质甘脆爽口，非常清香。从种植到采摘约50天时间。室内种植一年四季皆可，抗病毒性与耐热性较好，产量很高。